◎图说种植业标准化丛书◎

总主编: 黄国洋 倪治华

XIANGGU
QUANCHENG BIAOZHUNHUA
CAOZUO SHOUCE

香菇全程标准化

操作手册

主 编: 陈 青 陈再鸣

浙江科学技术出版社

图书在版编目(CIP)数据

香菇全程标准化操作手册/陈青,陈再鸣主编.—杭州：浙江科学技术出版社,2014.10(2016.4重印)
(图说种植业标准化丛书)
ISBN 978-7-5341-6300-5

Ⅰ.①香… Ⅱ.①陈…②陈… Ⅲ.①香菇—蔬菜园艺—标准化—手册 Ⅳ.①S646.1-62

中国版本图书馆 CIP 数据核字(2014)第 241883 号

丛 书 名	图说种植业标准化丛书	
书 名	香菇全程标准化操作手册	
主 编	陈青 陈再鸣	
出版发行	浙江科学技术出版社 杭州市体育场路 347 号 邮政编码:310006 办公室电话:0571-85176593 销售部电话:0571-85176040 网 址:www.zkpress.com E-mail:zkpress@zkpress.com	
排 版	杭州大漠照排印刷有限公司	
印 刷	杭州杭新印务有限公司	
经 销	全国各地新华书店	
开 本	787×960 1/32	印 张 2.5
字 数	46 000	
版 次	2014 年 10 月第 1 版	2016 年 4 月第 3 次印刷
书 号	ISBN 978-7-5341-6300-5	定 价 12.50 元

版权所有 翻印必究

(图书出现倒装、缺页等印装质量问题,本社销售部负责调换)

责任编辑	詹 喜	李亚学	**责任校对**	赵 艳	
责任美编	金 晖		**责任印务**	徐忠雷	

《图说种植业标准化丛书》编委会

主　　任：史济锡
副 主 任：王建跃　刘嫔珺
编　　委：（按姓氏笔画排序）
　　　　　王华弟　王建伟　方丽槐　白　雪
　　　　　成灿土　朱勇军　吴宏晖　吴新民
　　　　　陈良伟　林伟坪　赵　虹　俞燎远
　　　　　钱　蔚　倪治华　徐建华　黄国洋
　　　　　童日晖　虞轶俊
总 主 编：黄国洋　倪治华
总 策 划：王建伟　虞轶俊

《香菇全程标准化操作手册》编写人员

主　　编：陈　青　陈再鸣
编写人员：（按姓氏笔画排序）
　　　　　叶长文　叶晓星　边武英　应国华
　　　　　张新华　陈　青　陈再鸣　袁卫东
　　　　　桂平雄　徐　波　殷　琛

序一

种植业生产标准化是推进农业现代化的重要举措,是增强农产品市场竞争力的重要抓手。只有把种植业产前、产中、产后全过程纳入标准化轨道,才能加快种植业生产从粗放经营向集约经营转变,提高种植业科技含量和经营水平,不断完善适应现代农业要求的管理体系和服务体系,实现从农田到餐桌的全程质量控制。近年来,浙江省农业厅以粮食功能区、现代农业园区建设为主平台和主战场,修订和完善了具有浙江特色的现代农业标准体系,开展了省级主导产业全程标准化示范、整建制农业标准化示范创建等工作,大力推进农业标准化促进工程,创新发展了"一个产业标准、一张模式图、一套视频光盘、一本操作手册、一个示范园"等"五个一"的农业标准化推广机制,努力推动传统生产方式的转变,取得了显著的成效,相关工作得到了国家农业部的充分肯定。

实现种植技术标准化,推动主导产业转型升级,除了政府搞好服务外,关键还在于生产主体的科技水平提升。可喜的是,浙江省种植业标准化技术委员会顺应创新发展的时代要求,以助农增收为己任,组织省内众多种植业领域的技术权威和具有丰富实践

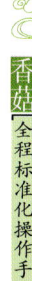

经验的专家,编写了《图说种植业标准化丛书》。本丛书以图说的形式荟萃了浙江省种植业发展的宝贵实践经验和最新科技成果,辅之以精心的内容编排和新颖的版面设计,突破了以往种植业科普读物的常规模式,使复杂标准流程化,高深技术通俗化,使农民群众看得懂、学得会、用得上、记得牢。本丛书的出版发行无疑将成为农民致富的又一法宝。

感谢农业科技工作者为浙江省农业迈向现代化提供了很好的精神食粮和科技支撑,并希望今后有更多、更好的成果和作品呈现给广大农民朋友。

2014 年 8 月 29 日

序二

农业标准化是现代农业的重要基石。综观国内外农业现代化发展进程,可以发现农业标准化是促进科技成果转化为农业生产力的有效途径,也是提高农产品质量安全、增强农产品市场竞争力、提升农业经济效益、增加农民收入、改变农村面貌的重要手段。近年来,浙江省推行"集成一本生产标准,编制一本操作手册,实施一批关键技术,建立一批管理制度,创建一个追溯平台,打造一个产品品牌"的农业标准化生产实施模式,把标准化示范推广与各类农业项目建设有机结合起来,推动标准化意识不断增强,标准化体系不断完善,标准化生产广泛推行,标准化水平不断提升。

《图说种植业标准化丛书》以种植业各主导产业国家标准、行业标准和省地方标准为依据,根据水稻、茶叶、杨梅、茭白等十大主导产业作物的物候期特点,首次针对性地提出了各主导产业作物的关键技术、良种推荐、肥料使用建议和病虫害防治建议等全程标准化操作技术要点,并以图说的形式进行讲解,可以使农民朋友易学、易懂、易操作。本丛书紧密联系实际,既是实践经验的总结,又是理论发展的提

升,对全面推广种植业生产标准化必将起到积极的推动作用。

  本丛书由浙江省种植业各主导产业众多生产实践经验丰富的专家和技术人员编写而成,融合了近年来浙江省种植业生产的先进实践经验和最新科技成果,图文并茂,便于操作,是实现种植业标准化生产技术从理论指导走向实践应用的重要载体,也是解决农业技术推广"最后一公里"的重要手段,对推动和发展现代标准化农业、提升种植业产品质量和种植业经济效益具有重要的指导作用。

中国工程院院士 陈宗懋

2014 年 9 月 5 日

前言

香菇是我国第二大食用菌,全国所有省(自治区、直辖市)均有香菇栽培。浙江省是世界香菇人工栽培的发祥地,也是香菇的主产地,香菇常年产量为40万吨(鲜重),出口量近万吨,创汇1亿美元。由浙江省选育的庆元9015、L808、武香1号等品种已成为全国主栽品种,这些品种的育成与推广对我国香菇的生产与发展起到了积极的推动作用。香菇生产包括生产准备、料棒制作、菌丝培养、出菇管理等环节。近年来,浙江因地制宜、不断创新,利用高山、平原、丘陵不同的气候资源,搭配不同温型和不同菌龄的品种,形成了高棚层架立体栽培、低棚脱袋栽培、覆土栽培、半地下式栽培等多样化栽培模式和"四季接种四季出菇"的生产格局,大力发展香菇、水稻轮作等"千斤粮万元钱"的高效模式,但由于不同地区、不同菇农间的栽培技术水平差距较大,香菇生产效益在年际间波动较大。为了使广大菇农更好地了解与掌握香菇新品种及新技术,推广标准化生产栽培技术,提高香菇生产技术水平,巩固和提升浙江省香菇生产影响力,达到促进农业增效、农民增收的目的,特编写了本手册。

本手册共分6个部分,以图文并茂的形式介绍了香菇生产管理年历、主要农事管理、主导品种、主要生产技术、投入品使用建议和病虫害防治建议等内容,融合了近年来浙江省香菇生产主要技术模式和最新科技成果,适合生产一线的菇农、家庭农场、合作社使用,也适合行业管理人员和农业技术推广人员参考。

由于本书编著时间紧迫,加上编著者水平有限,不当之处在所难免,敬请广大读者批评指正。

编者
2014年7月

目录

一、生产管理年历 /1

(一) 高棚层架花厚菇栽培模式 ·············· 1
(二) 低棚脱袋普通菇栽培模式 ·············· 5
(三) 低棚覆土高温菇栽培模式 ·············· 10

二、主要农事管理 /14

(一) 生产准备期 ·············· 14
(二) 料棒制作期 ·············· 15
(三) 菌丝培养期 ·············· 16
(四) 出菇管理期 ·············· 19
(五) 栽培结束期 ·············· 23

三、主导品种 /25

(一) 庆元9015 ·············· 25
(二) 庆科20 ·············· 26
(三) L808 ·············· 28
(四) L9319 ·············· 30
(五) 武香1号 ·············· 32
(六) L868 ·············· 34
(七) L135 ·············· 35
(八) 241-4 ·············· 36

四、主要生产技术 / 39

(一) 场地选择 …………………………………… 39
(二) 菇棚搭建 …………………………………… 40
(三) 料棒制作 …………………………………… 42
(四) 接种、养菌 ………………………………… 44
(五) 催蕾出菇 …………………………………… 46
(六) 潮间期管理 ………………………………… 47
(七) 菇棚内小气候调控 ………………………… 49
(八) 采收、加工 ………………………………… 50

五、投入品使用建议 / 53

六、病虫害防治建议 / 55

(一) 防治原则 …………………………………… 55
(二) 绿色防控技术 ……………………………… 55
(三) 主要病虫害为害症状和防治方法 ………… 57
(四) 农药使用指南 ……………………………… 63

附　录 / 65

(一) 香菇质量安全指标及限量要求 …………… 65
(二) 食用菌登记农药剂量对照表 ……………… 66

主要参考文献 / 68

一、生产管理年历

香菇为跨年度生产,生产过程包括生产准备期、料棒制作期、菌丝培养期、出菇管理期等。主要栽培模式有高棚层架花厚菇栽培模式、低棚脱袋普通菇栽培模式和低棚覆土高温菇栽培模式。

(一) 高棚层架花厚菇栽培模式

1月

备料,选场(要求背风向阳,靠近水源),完成菇棚搭建(坐北朝南)或维护。

2月

L135拌料、制棒、接种。

3月

L135继续制棒、接种；庆元9015、庆科20开始制棒、灭菌、接种；室内养菌。

4月

L135、庆元9015、庆科20继续制棒、接种；室内或室外荫棚养菌。

5月

庆元9015、庆科20继续制棒、接种；室内或室外荫棚养菌，视发菌情况及时刺孔通气，注意通风降温。

6月

庆元9015、庆科20继续制棒、接种；室外荫棚养菌，视发菌情况及时刺孔通气，注意通风降温。

7月

视发菌情况及气温条件刺孔通气;室外荫棚养菌,增加遮阳物,棚外喷水降温,加强通风,防烧菌、烂棒,确保安全越夏。

8月

室内或室外荫棚养菌,增加遮阳物,棚外喷水降温,加强通风,防烧菌、烂棒,确保安全越夏。

9月

完成出菇棚场地清理消毒;在高海拔地区庆元9015、庆科20割口出菇。

10月

在高海拔地区庆元9015、庆科20继续出菇管理,L135于10月中下旬开始割口出菇。

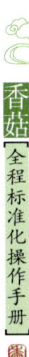

11月

在低海拔地区庆元9015、庆科20开始出菇管理,L135在11月中旬开始出菇;在高海拔地区继续进行出菇管理,前潮菇采收后,进行养菌、补水、催蕾等转潮管理。

12月

继续进行出菇管理、转潮管理;适当减少遮阳物。

次年1~2月

继续进行出菇管理、转潮管理;减少遮阳物。

次年3月

继续进行出菇管理、转潮管理;适当增加遮阳物,巧通风,防霉菌;在低海拔地区于月末脱袋转普通菇管理。

次年4月

在高海拔地区脱袋转普通菇管理;加厚遮阳物,揭膜通风,防高温,防霉菌。

次年5月

继续进行普通菇管理;加厚遮阳物,揭膜通风,防高温,防霉菌;生产结束。

(二) 低棚脱袋普通菇栽培模式

1月

备料,选场(要求背风向阳,靠近水源),完成菇棚搭建(坐北朝南)或维护。

2月

241-4制棒、接种,保温养菌。

3月

241-4继续制棒、接种；室内养菌，视发菌情况及时刺孔通气。

4月

241-4制棒、接种结束；室内养菌，视发菌情况及时刺孔通气。

5月

5月上旬，在高海拔地区L808、庆元9015、庆科20开始制棒、接种；室内或室外荫棚养菌。

6月

在高海拔地区L808、庆元9015、庆科20继续制棒、接种；室内或室外荫棚养菌，视发菌情况及时刺孔通气。

7月

完成养菌棚的搭建、维护与消毒;7月中旬,在低海拔地区L808、庆元9015、庆科20和L868开始制棒、接种;室内或室外荫棚养菌,视发菌情况刺孔通气;棚外喷水降温,加强通风,防烂棒,确保安全越夏。

8月

在低海拔地区继续制棒、接种;8月上中旬,在高海拔地区L808、庆元9015和庆科20结束接种,L868品种继续制棒、接种。

9月

9月上旬,在低海拔地区L808、庆元9015、庆科20、L868制棒、接种结束;非菇稻轮作区完成出菇棚维护或搭建,进行场地清理消毒。次年4~5月出菇的L808在9月下旬开始制棒、接种。

10月

次年4~5月出菇的L808继续制棒、接种；在高海拔地区开始进行出菇管理或将高海拔地区养菌结束后的菌棒运至低海拔地区进行出菇管理（二场制）；10月中旬，241-4、庆元9015和庆科20开始收获；稻菇轮作区于月末在水稻生产结束后搭建出菇棚或小拱棚（半地下式栽培）。

11月

稻菇轮作区于月初完成菇棚搭建及消毒；脱袋转色并进行秋菇管理，视情况做好转潮管理；L868开始收获；5~8月接种的L808开始收获。

12月

进行冬菇管理：减少遮阳物，保温、保湿（覆膜、喷水、通风），大棚内加搭小拱棚。

次年1月

进行冬菇管理：减少遮阳物，保温、保湿（覆膜、喷水），大棚内加搭小拱棚，选择在气温较高的中午通风。

次年2月

进行冬菇管理：减少遮阳物，保温、保湿（覆膜、喷水），大棚内加搭小拱棚，选择在气温较高的中午通风；不盲目注水催蕾。

次年3月

进行春菇管理：保温，控湿，通风，防霉；菌棒补水，进行转潮管理。

次年4月

进行春菇管理，同3月。上年春季、夏季接种的品种于月底基本结束出菇；上年9月下旬至10月接种的L808开始出菇。

次年5月

进行春菇管理:防高温,巧通风,防霉菌;增加遮阳物,揭膜通风,及时补水促转潮。

次年6月

上年10月接种的L808出菇结束。

(三) 低棚覆土高温菇栽培模式

上年12月

准备原料,搭建养菌棚,L9319、武香1号(L931)开始制棒、接种。

1月

L9319、武香1号(L931)继续制棒、接种;武香1号(L931)的菌龄为70~80天,L9319的菌龄为120天。

2月

继续制棒、接种,室内或室外养菌,于月底结束接种。

3月

继续养菌,翻堆检查。

4月

武香1号(L931)翻堆刺孔;出菇棚搭建、做畦,畦面铺一层沙。

5月

武香1号(L931)排场脱袋,喷水促转色后平铺覆土或斜立式不覆土栽培;利用温差刺激出菇,第一潮菇采收后,排干畦沟水养菌。L9319翻堆刺孔,注意通风。

6月

武香1号(L931)继续进行转潮、出菇管理;L9319继续进行发菌管理。

7月

武香1号(L931)做好越夏管理,减少菌棒含水量,加强通风,预防霉菌;L9319开始排场脱袋,喷水促转色,之后覆土;畦沟内灌流动水,棚顶增加遮阳物,结合喷水,增加通风量,防止高温烧菌。

8月

管理要点同7月。下旬,在高海拔地区L9319、武香1号(L931)进行出菇管理。

9月

进行温差、湿差刺激,L9319开始大批量出菇;武香1号(L931)继续进行出菇管理。

10月

进行保湿、通风,适当减少遮阳物,做好转潮管理;L9319继续进行出菇管理;月末武香1号(L931)生产结束。

11月

管理要点同10月,L9319生产结束。

二、主要农事管理

主要农事管理包括生产准备期、料棒制作期、菌丝培养期、出菇管理期和栽培结束期,不同栽培模式的季节安排视品种、海拔及地区稍有差异。

(一) 生产准备期

生产准备期指在香菇生产开始前各类原辅材料采购、菇棚设施维护和准备阶段。不同栽培模式的季节安排如下:高棚层架花厚菇栽培模式为12月至次年1月下旬,低棚脱袋普通菇栽培模式为1月上旬至8月上旬,低棚覆土高温菇栽培模式为11月上旬至12月下旬。

主要农事如下:

(1) 菌种订购。

(2) 原辅材料的采购,料棒制作场地的准备,机械设备和灭菌设施的准备和维护。

原料准备

(3)养菌设施和出菇棚的准备和维护。

养菌场地处理

(二) 料棒制作期

料棒制作期指香菇生产开始时从配料、拌料、装袋、灭菌到料棒冷却、接种前这个阶段。不同栽培模式的季节安排如下:高棚层架花厚菇栽培模式为2月中旬至6月下旬,低棚脱袋普通菇栽培模式为2月中旬至9月下旬,低棚覆土高温菇栽培模式为12月上旬至次年2月中旬。

主要农事如下:

(1)按照配方及基质含水量要求配料、拌料、装袋。

料棒制作

（2）常压灭菌室灭菌，灭菌结束后趁热运至洁净的冷却室冷却。

高效常压灭菌

（三）菌丝培养期

菌丝培养期指香菇生产从料棒制作期到接种后菌丝萌发、发菌直至生理成熟与转色的阶段。不同栽培模式的季节安排如下：高棚层架花厚菇栽培模式为2月下旬至10月中下旬，低棚脱袋普通菇栽培模式为3月中下旬至10月中下旬，低棚覆土高温菇栽培模式为11月下旬至次年4月中下旬。

主要农事如下：

（1）按无菌操作要求在洁净的接种室、接种帐或接种箱内接种。

香菇胶囊菌种及菌棒

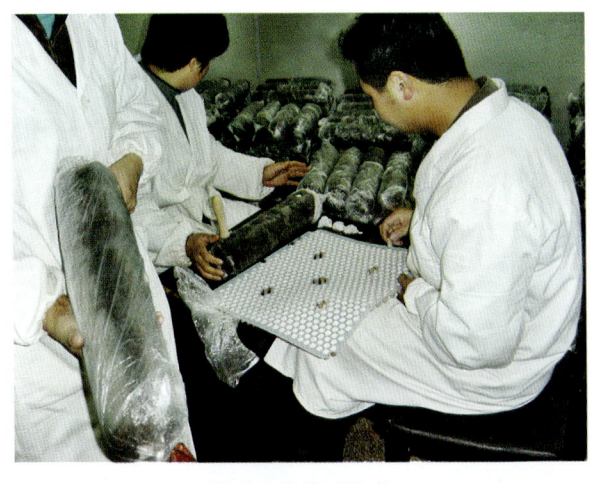

香菇胶囊菌种接种

（2）室内或室外荫棚养菌。视气温、发菌情况及时选择适宜的菌棒堆叠方式，适时刺孔通气并注意通风降温。

室外荫棚养菌

室内三角形堆叠养菌

（3）高温季节在养菌棚上增加遮阳物，散堆养菌，棚外喷水降温，加强通风，防止烧菌、烂棒，确保安全越夏。

（4）培养后期疏散菌棒，降低堆高，适当增加散射光，加强通风，促进菌棒转色。

刺孔通气促转色

（四）出菇管理期

出菇管理期指香菇生产中期从菌棒转色后排场、催蕾成菇到完成全部出菇潮次的阶段。不同栽培模式的季节安排如下：高棚层架花厚菇栽培模式为10月中下旬至次年4月下旬，低棚脱袋普通菇栽培模式为10月中下旬至次年5月中下旬，低棚覆土高温菇栽培模式为4月中下旬至10月下旬。

主要农事如下：

（1）高棚层架花厚菇栽培模式转入出菇管理后，先进行温差、湿差或震动催蕾，然后割口出菇。

割口出菇

高棚层架花厚菇出菇

（2）低棚脱袋普通菇栽培模式在菌棒生理成熟后脱袋出菇。通过揭膜、通风、对菌棒适当注水等措施进行催蕾。冬菇管理要减少遮阳物，少注水；春菇管理要增加遮阳物，揭膜通风，适时注水催蕾。

低棚脱袋普通菇栽培

低棚脱袋普通菇出菇

（3）低棚覆土高温菇栽培模式在菌棒转色并有少量菇蕾时转入出菇棚脱袋出菇。菇床畦面先铺沙，再排菌棒，最后覆土；畦沟内灌流动水，棚顶增加遮阳物并喷水降温，同时注意通风。

低棚覆土高温菇出菇　　　　　畦沟内灌流动水

（4）及时采收。鲜销菇在子实体未开膜前采收，干制菇在菌盖保持内卷时采收。

鲜花菇（张明琅　供图）

（5）转潮管理。停止喷水,加强通风,在菌丝恢复后视菌棒轻重再喷水或注水。

（五）栽培结束期

栽培结束期是指出菇采收全部结束、清理菇棚、转向下一个生产周期或下一茬作物过渡的阶段，包括收集废菌棒、菇棚和环境维护。

主要农事如下：

1. 废菌棒处置

（1）将料袋分离，塑料筒袋回收。

回收塑料筒袋

（2）用菌糠作燃料，或经堆置腐熟处理后用作农作物基肥。

收集废菌棒

2. 菇棚维护

（1）高棚层架花厚菇栽培模式应清棚,维修菇棚,对棚架、地面进行消毒。

（2）低棚脱袋普通菇栽培模式和低棚覆土高温菇栽培模式视情况拆除菇棚。

3. 环境维护

保持场地清洁,提倡菇稻等水旱轮作方式,减少病虫害的发生。

三、主导品种

(一) 庆元9015

庆元9015于2007年通过全国食用菌品种认定委员会认定(认定编号:国品认菌2007009)。

1. 形态特征

子实体单生,偶有丛生;菌盖褐色,有鳞片,菇形大;菌盖直径为4.0~14.0厘米,厚度为1.0~1.8厘米;柄长为3.5~5.5厘米。

庆元9015

2. 特性

庆元9015属中温偏低型中熟品种,菌龄在90天以上。菌丝生长适宜温度为5～32℃,最适温度为24～26℃;出菇适宜温度为8～20℃,最适温度为14～18℃。菇蕾形成时需6～8℃的昼夜温差刺激,菇潮明显,潮间隔期为7～15天。头潮菇在较高的出菇温度条件下,菇柄偏长,菇体偶有丛生。

3. 栽培要点

庆元9015适宜接种的时间为2～7月,采收期为10月至次年4月;适宜作高棚层架栽培花菇或低棚脱袋栽培普通菇,配方为杂木屑78%、麦麸20%、红糖1%、石膏1%,含水量为55%～60%。菌棒震动催蕾效果明显,要提早排场,减少机械震动,否则易导致大量原基形成和集中出菇,使菇体偏小。出菇期低温时,应及时稀疏菇棚顶部及四周的遮阳物,提高棚内光照强度和温度,有利于提高菇质。

4. 主要优缺点

其主要优点是抗逆性强,高棚层架栽培花菇率高,低棚脱袋栽培厚菇率高。主要缺点是菇柄偏长。

(二)庆科20

庆科20于2010年通过全国食用菌品种认定委员会认定(认定编号:国品认菌2010003)。

1. 形态特征

子实体单生,鳞片较少;菇盖平整,菇盖直径为2.0~7.0厘米,呈淡褐色;菇肉厚度为0.5~1.5厘米,组织致密,不易开伞,易形成花菇,花菇率为44.7%;菇柄直生、短小,菇柄长度为2.8~4.0厘米,直径为0.8~1.3厘米,比庆元9015明显短小。

庆科20

2. 特性

庆科20属中温偏低型中熟品种,菌龄为90~150天。菌丝生长适宜的温度为23~26℃,出菇适宜的温度为8～22℃,最适温度为14～18℃;耐高温、抗杂菌能力等与庆元9015相近,明显强于L135。

3. 栽培要点

庆科20适宜的接种时间为2～7月,采收期为10月至次年4月;适宜作高棚层架栽培花菇或低棚脱袋栽培普通菇,对麦麸等氮源的需求量大,配方为杂木屑73%、麦麸25%、红糖1%、石膏1%,含水量为65%左右。当出菇适温来临,一半以上的菌棒有较多的菇蕾出现时为脱袋栽培适期。

4. 主要优缺点

其主要优点是适应性广,抗逆性强,产量高。主要缺点是菇形偏小。

(三) L808

L808于2008年通过全国食用菌品种认定委员会认定(认定编号:国品认菌2008009)。

1. 形态特征

子实体单生、大型,朵型圆整,畸形菇少,丛毛状鳞片较多;菇盖呈深褐色,直径为4.5～9.2厘米;菇肉致密、特结实,菇肉厚度为1.2～2.3厘米,不易开伞;菇柄上粗下细,长度约为3.5～7.8厘米;平均单菇重43克。

2. 特性

L808属中高温型中熟品种,菌龄为100～120天。菌丝生长和出菇阶段都需要充足的氧气。菌丝生长适宜

L808

的温度为23～26℃,子实体分化需6～10℃以上的昼夜温差刺激,出菇适宜的温度为10～28℃。冬季出菇能力较弱,春季4～6月适宜出菇。L808耐高温、抗杂菌能力强。

3. 栽培要点

在丽水海拔500米以下的地区适宜的接种期为8月上旬至9月上旬;在丽水海拔500米以上的地区适宜的接种期为5月上旬至6月上旬。越夏出的菇较秋季接种出的菇菇柄短、菇形好。L808的采收期为12月至次年5月,适宜作高棚层架栽培花菇或低棚脱袋栽培普通菇,配方为杂木屑81%～84%、麦麸15%～18%、石膏1%,含水量为50%。根据接种期的不同,合理添加麦麸。若在5月上旬到6月上旬接种,则麦麸含量为18%;若在8月上旬至9月上旬接种,则麦麸含量为15%。对于第一批出菇不多,转色偏深,菌皮偏厚的菌棒,要及时盖膜保湿催蕾,使堆内温度升到20℃左右,并保持3天。

4. 主要优缺点

其主要优点是品质好,表现为菇体大、质地结实、柄短、货架期长、商品性好,较其他品种售价高。主要缺点是菌龄较长,出菇温度较庆元9015偏高2～3℃,冬菇比例低于庆元9015等品种。

(四) L9319

L9319于2008年通过全国食用菌品种认定委员会认定(认定编号:国品认菌2008008)。

1. 形态特征

子实体单生、大型,菌盖鳞片边缘较多、中间少;菇肉厚,质地硬实;菌盖幼时为褐色,渐变为黄褐色,湿度不同时菌盖颜色不同;菌盖直径为5.0～8.0厘米,菌盖厚1.3～2.2厘米;菌柄略长,一般为6.0～9.0厘米。

2. 特性

L9319属高温型中熟品种,抗逆性强,适应性广;菌龄一般为100～120天,冬季接种时菌龄可达150天。菌丝生长适宜的温度为5～35℃,出菇适宜的温度为12～34℃,最适出菇温度为15～28℃。

L9319

3. 栽培要点

　　L9319适宜作低棚覆土高温菇栽培,于11月至次年3月接种,出菇季节为5～6月和8～11月。配方为杂木屑83%、麦麸16%、石膏1%,含水量为50%。7～8月高温期间应以养菌为主,自然出菇,降低棚温,预防烂棒。产量与气温密切相关,低海拔地区栽培的生物学效率为70%左右,海拔500米以上地区的生物学效率可达90%。5～6月出第一至二潮菇,约占总产量的40%;8～11月出第三潮菇,约占总产量的60%。

4. 主要优缺点

其主要优点是菇质好,表现为菇体大、质地结实、货架期长,菇盖色泽呈黄褐色,鲜销受欢迎。主要缺点是柄较长,菌龄较长。

(五) 武香1号

武香1号于2007年通过全国食用菌品种认定委员会认定(认定编号:国品认菌2007011)。

1. 形态特征

子实体大部分单生,少量丛生;菇蕾数多;菌盖表面呈淡灰褐色,有鳞片,菌盖直径大多为4.0~8.0厘米;

武香1号

菌柄长度为3.0～6.0厘米,直径为1.0～1.5厘米;菌肉厚度为1.8厘米。

2. 特性

武香1号属中高温型早熟品种,菌龄为60～70天。菌丝生长适宜的温度为5～34℃,最适温度为24～27℃;子实体发生的最适温度为16～26℃,在26～34℃下子实体也能正常生长发育。

3. 栽培要点

武香1号在12月下旬至次年2月制棒接种,在4～5月排场脱袋转色,在5～6月和9～10月出菇。配方为杂木屑78%、麦麸20%、石膏1%、糖1%,含水量为50%～55%。菌棒在排场之前需具备3个特征:① 瘤状隆起物占整个袋面的2/3。② 手握菌袋时,瘤状物有弹性和松软感。③ 出现少许棕褐色分泌物。菌棒排场约1周后,瘤状物基本长满菌袋并约有2/3转为棕褐色时,即可脱袋。吐黄水期间,经常通风喷水,当菌棒含水量降至35%～40%时进行补水。

4. 主要优缺点

其主要优点是菌株抗逆性强,生长温度范围广,耐高温,出菇早,转潮快,不易开伞。主要缺点是在高温高湿、通风不足的环境下菌筒易受杂菌感染,而且子实体发生量多,生长快,肉质薄,菇柄长。

(六) L868

L868为丽水地方农家品种,栽培历史较长。

1. 形态特征

子实体单生,菇较大,菌盖呈黄褐色,柄细、较短。菌盖直径为6.1~8.9厘米,平均直径为6.9厘米;菌盖厚度为1.6~2.2厘米,平均厚度为1.9厘米;菌柄平均长度为6.2厘米,平均直径为1.3厘米;平均单菇重28.3克。

L868

2. 特性

L868属中温型早熟品种,菌龄为60~70天。菌丝生长适宜的温度为23~26℃,出菇适宜温度为8~25℃,容易管理,抗杂菌能力较强。

3. 栽培要点

L868的适宜接种期为7~9月,采收期为11月至次年5月,适宜作低棚脱袋普通菇栽培。配方为杂木屑78%、麦麸20%、石膏1%、糖1%,含水量为50%~55%。

4. 主要优缺点

其主要优点是菌龄短,容易管理,抗逆性较强。主要缺点是菇质差于庆元9015和L808。

(七) L135

L135于2007年通过全国食用菌品种认定委员会认定(认定编号:国品认菌2007005)。

1. 形态特征

子实体散生;菌盖呈茶褐色,鳞片少或无;菌盖直径为5.0~8.0厘米,平均直径为6.6厘米,厚度为2.3厘米;菌柄平均长为3.4厘米,平均直径为1.2厘米。

L135

2. 特性

L135属中低温型迟熟品种,菌龄为210~240天。菌丝生长适宜的温度为4~34℃,菌丝抗逆性较差,耐高温、抗杂菌能力较弱;出菇适宜的温度为5~22℃,分散出菇,出菇量相对较少。菇质紧实,耐贮存,产量偏低。

3. 栽培要点

L135适宜的接种时间为2~4月,采收期为10月至次年4月,适宜作高棚层架栽培花菇。配方为杂木屑78%~80%、麦麸18%~20%、石膏1%、糖1%,含水量为55%~60%。培养料可适当减少麦麸的添加量、降低培养料含水量。越夏场所要求阴凉、通风、黑暗或有弱光,防止高温烧菌。菌棒转色不宜太深,菌皮要薄,呈花斑样,以利于出菇。排场应迟,应在出菇适温时排场,以排场的惊蛰作用刺激出菇,菇蕾形成时要求日夜温差大。

4. 主要优缺点

其主要优点是易形成花菇,品质优,商品性好。主要缺点是抗逆性较弱,不易越夏,产量偏低。

(八) 241-4

241-4于2007年通过全国食用菌品种认定委员会认定(认定编号:国品认菌2007010)。

1. 形态特征

子实体单生,菇形中等;菌盖呈棕褐色,被有鳞片;菌盖直径为6.0～10.0厘米,厚度为1.8～2.2厘米,部分菌盖有"斗笠状"尖顶;菌柄黄白色,长度为3.4～4.2厘米。

241-4

2. 特性

241-4属中低温型迟熟品种,菌龄在150天以上。菌丝生长适宜的温度为5～33℃,最适生长温度为25℃左右;出菇温度为6～20℃,最适出菇温度为12～15℃。241-4抗逆性强,不易受霉菌污染,夏季高温不易烂棒。

3. 栽培要点

241-4适宜作低棚脱袋普通菇栽培,接种期为2~4月,采收期为10月至次年4月。配方为杂木屑78%、麦麸20%、红糖1%、石膏1%,含水量为55%~60%。菇棚内连续3天最高气温在16℃以下、50%菌棒自然出菇时为脱袋适期。不宜以拍打的方式刺激出菇。冬季要注意增加光照强度,提高棚内温度。

4. 主要优缺点

其主要优点是厚菇率高、品质优、商品性好、耐低温、冬菇率高、含水量低,适宜作干制菇生产,干菇香味浓郁。主要缺点是花菇比例低,不适宜作为花菇品种使用。

四、主要生产技术

(一) 场地选择

香菇栽培环境应符合无公害产地要求。菇场周边应无污染源、有清洁水源、通风良好,其中低棚覆土高温菇栽培模式的环境以海拔500米以上、水源充足、沙质土壤为宜。

香菇栽培环境(刘勇勇 供图)

（二）菇棚搭建

1. 高棚层架花厚菇栽培棚

高棚层架花厚菇栽培棚由遮阳高棚（外棚）和拱形塑料大棚（内棚）组成。外棚由钢架、水泥柱和竹木等原料搭成，分尖顶和平顶两种。尖顶大棚顶高4.3～4.5米，肩高3.5米，竖柱间距4米；平顶大棚净高3.2～3.7米，遮阳物以遮阳网、芒萁搭配使用。内棚层架由木柱、竹条或木条等搭成，净高2.1～2.8米，层架高1.8～2.0米，层间距22～30厘米，共设6～7层。内层架分为单体式和双体式。

尖顶高棚层架栽培标准菇棚

平顶高棚层架栽培标准菇棚

2. 低棚脱袋普通菇栽培棚

低棚脱袋普通菇栽培棚采用8米×30米的蔬菜钢架大棚。棚顶铺设遮阳网,棚内视地下水位高低设凸畦或凹畦;也可采用半地下式栽培。

半地下式栽培架

低棚脱袋普通菇栽培棚

3. 低棚覆土高温菇栽培棚

菇棚结构为内、外棚。外棚选择平顶式荫棚结构,棚高2.5~3.0米,棚顶及四周采用高密度遮阳网、芒萁、稻草等遮阳物以降低棚内温度。一般每3畦搭一内棚,盖上塑料膜,以防雨水溅起泥土污染香菇。

低棚覆土模式栽培棚

(三) 料棒制作

料棒制作包括配料、拌料、装袋、灭菌、冷却等环节。

1. 配料、拌料

主料宜选用壳斗科阔叶树树种的木屑,也可用自然堆积6个月以上的针叶树树种的木屑,粉碎细度在5毫米以下,无霉变;麦麸等辅料要求新鲜,不掺有杂质;不允许加入农药。

具体配方、料水比要求参见品种栽培要点。各种原辅料用拌料机混合均匀。

2. 装袋

料袋选用长550毫米、折径150毫米、厚0.050~0.055毫米的低压聚乙烯袋。用装袋机装袋,每袋湿料重1.6~1.7千克、长40厘米左右。在4小时内完成装袋,进入灭菌环节。

3. 灭菌、冷却

灭菌采用常压蒸汽灭菌法,宜使用灭菌架,以利蒸汽流通。灭菌起始后,在4小时内使料温升到97~100℃,保持16~24小时结束灭菌,具体时间视灭菌条件和容量而定。此后待料袋温度降至50~60℃时移到洁净的冷却室,待料温降到28℃以下时可进行接种操作。

菌棒场灭菌

(四) 接种、养菌

1. 接种

可选择接种箱、接种帐或接种室接种,接种操作要严格按无菌操作规范进行。接种前,空间内用气雾消毒剂熏蒸消毒,工具、接种人员的双手用75%的酒精擦拭消毒。每个料棒接种3～4穴,接种穴直径为1.5厘米、深为2.0～2.5厘米,菌种要成块,与料棒接触严密、不留空隙。接种后要立即用纸胶带封口或外套袋封口。

接种箱无菌操作接种

2. 养菌

接种后的菌棒要放置在清洁、干燥、适温、通风、避光的培养室或培养棚内进行养菌管理。养菌管理要根据菌丝生长和气温变化情况做好散堆、翻堆、发菌检查、受污染的菌棒清理、刺孔通气、通风降温等措施。整个培养过程需进行1~3次刺孔通气,气温较高时应分批刺孔,刺孔的部位不应触及未发菌的培养基,不应在料棒与袋壁脱空部位和已污染的部位刺孔,刺孔后应减少单位面积的堆放量。室温超过30℃时,通过外棚喷水、内棚灌跑马水、加强通风等措施调节棚内温度,并停止刺孔,以减少高温烂棒的发生。培养后期,适当增加散射光、加强通风,促进菌丝在袋内转色,促进其生理成熟。出菇前的菌棒重量控制为1.3~1.4千克/棒。具体刺孔通气要求可参考《香菇安全生产技术规范》(DB 33/T 676—2008)。

"井"字形堆叠养菌

(五) 催蕾出菇

合理调控温度、湿度、空气和光照等环境因子是刺激菌棒正常出菇的关键。要综合选用温差刺激、湿差刺激、震动催蕾和揭盖膜等措施催蕾。

高棚层架花厚菇栽培时不需脱袋,待菇蕾长至1.0～1.5厘米后割口出菇,每根菌棒留菇6～10个。当菇蕾培育至直径为2.0～3.0厘米时需加强揭膜通风,进行催花管理。

割口出菇期

普通菇或高温菇栽培时,要在菌棒出现少量原基时进行脱袋出菇。其中秋冬菇栽培时每天要结合揭膜通风和调节光照等措施,使棚内温度不高于20℃、不低于5℃,保持空气相对湿度为85%～90%;

春菇管理时要加厚遮阳物,加强揭膜通风,预防绿霉等病害发生,同时适时注水促进催蕾。覆土式高温菇栽培时,菇床间畦沟内要灌流动水,棚顶增加遮阳物并喷水降温,同时注意通风,使棚内温度不超过28℃、不低于15℃。

菇蕾期

(六) 潮间期管理

菇潮间期要先停止喷水,再通过揭膜通风降低湿度。7天左右待菌丝恢复后,用注水法对菌棒补水,补水要在20℃以下时进行,补水后菌棒重量以起始重量的80%~85%为宜(含水量为58%~62%)。

潮间期补水

补水后的菌棒要经过连续6～8天的白天喷水保湿、提高棚温,晚上通过揭膜通风加大温差、干湿差等催蕾措施以促进下一潮菇的形成。

白天放膜保湿

（七）菇棚内小气候调控

菇棚内的温、光、气、湿等小气候因素应根据季节变换和香菇不同生长时期进行合理调控。初秋气温较高时,要在早、晚揭膜进行通风降温,每天1~2次,每次30分钟,并适当喷水保湿。当秋末气温下降时,可将遮阳网适当收拢,增加光照强度,使棚内"三阳七阴",提高棚温。当冬天寒冷时,要在晴天把遮阳网收拢,使棚内"五阳五阴",最大限度地提高棚温。喷水保湿要在中午气温较高时进行,同时不能盲目注水催蕾。

揭膜通风

春季气温回升,应盖好遮阳网,每天结合采菇揭膜通风。当气温高于20℃时,要加强通风;当遇到高温、高湿天气时还应揭开四周棚膜。通过干湿、温差等刺激催菇时,白天盖膜以升温、增湿,晚间揭膜通风以降温、降湿。

盖膜保湿

(八) 采收、加工

鲜销香菇要在子实体未开膜前采收,干制香菇要在菌盖保持内卷时采收。

1. 鲜香菇保鲜技术

鲜菇经预选后立即移入0~1℃的冷库预冷、排湿,使菇体含水量降至75%;再初选,入1~4℃冷库;最后精选分级,用小包装包装后装箱,成品在1~4℃下冷藏保鲜。

鲜菇精选分级

2. 香菇干制技术

用于干制的鲜菇要即采即干,提倡采用热风干燥法。鲜菇经预选、分级、排筛后,立即用机械热风干燥,干制程序:初期0～3小时热风温度为30～35℃,以后以每小时2～3℃的速率升温,并适当地移动筛位;8小时后控制热风温度为50～55℃,最后1小时温度达到60～65℃。全程干燥时间为10～13小时。干菇含水量为10%～13%。

香菇烘干

干香菇要密封贮存,严禁与有毒、有害、有异味物品混存。3个月内短期贮存宜置于常温、干燥、避光的仓库内；3个月以上长期贮存应置于低温（20℃以下）、低湿（相对湿度在60%以下）的环境下，箱体之间留一定空隙。

成品干香菇应先分级并包装为小包装，再进入销售环节。

干香菇分级、包装

五、投入品使用建议

项目	要求
菌种	宜选择经国家或省级审(认)定的香菇品种,如庆元9015、L808等;菌种应从具有资质的菌种场购买,菌种应菌龄适宜、菌丝洁白浓密、无高温抑制线、无杂菌
筒袋	栽培筒袋一般采用折角规格为15厘米×(52~58)厘米×0.005厘米的聚乙烯筒袋
原辅料要求	杂木屑、麦麸要求新鲜、无霉烂、无结块、无异味,杂木屑细度为5毫米左右
培养基配方	杂木屑73%~84%、麸皮15%~25%、红糖1%(可不加)、石膏1%,含水量为50%~65%,具体参见品种栽培要点
拌料方法	要求原料与辅料混合均匀,干料与湿料搅拌均匀;提倡使用机械拌料。先将石膏与麸皮拌匀,再与杂木屑拌匀;红糖应溶解于水中随水一起拌入

续表

项目	要求
水	拌料用水、环境湿度调节用水、菌棒补水应符合 GB 5749—2006《生活饮用水卫生标准》的规定。灌溉用水应符合 NY 5010—2002《无公害食品 蔬菜产地环境条件》的规定
农药	在香菇子实体生长和出菇期间禁止使用农药。在接种、养菌阶段及菌棒排场前,接种室、养菌室、生产基地环境、菇棚在必要时可选用低风险的农药(消毒剂)杀菌消毒。农药应具有有效农药登记证,允许在食用菌生产上使用

注意:拌料至装袋宜在4小时内完成,并及时灭菌,避免培养料酸变;灭菌后的基质需达到无菌状态;不允许加入农药。

六、病虫害防治建议

(一) 防治原则

遵循"预防为主,综合防治"原则,优先采用农业防治、物理防治,必要时辅以化学防治。规范生产操作,选择优良菌种,把好原料灭菌关、接种关、菌丝培育关。应用绿色防控技术,例如使用粘虫板等诱杀害虫,环境消毒提倡使用紫外线灯、臭氧杀菌器及石灰、漂白粉等,必要时选用低风险农药。出菇期间严禁使用农药。

(二) 绿色防控技术

(1) 做好菇场清洁、环境消毒等预防工作,排场前清理场地并撒生石灰。

(2) 选用抗逆性强的品种和优质适龄的菌种,根据当地气候条件以及品种特性合理安排生产季节。

(3) 培养、栽培场地用遮阳网等设施阻隔害虫侵入;利用高效空气过滤器、紫外线灯、臭氧杀菌器或气雾消毒剂(有效成分为二氯异氰尿酸钠)等对接种、培养场所的空间进行消毒。

(4) 在培养、出菇棚内悬挂粘虫板,粘杀瘿蚊和菇蝇成虫,减少着卵量。

黄色粘虫板诱杀蚊蝇(全群力 供图)

（5）推行菇稻轮作。每亩用香菇废料800千克作为水稻基肥种植单季稻，充分利用时、空、物生态循环，可有效控制香菇、水稻病虫害。菇稻轮作尤其适用于斜放式普通菇栽培和覆土式高温菇栽培模式。

菌糠还田　　　　　　水旱轮作

(三) 主要病虫害为害症状和防治方法

1. 绿霉

为害症状 通常所称的"绿霉"包括绿色木霉、青霉。感染绿色木霉的症状为在接种口或菌棒内起初出现绿色点状或斑块状,很快发展成片状,最后污染整个料袋,出现绿色霉层,是香菇栽培中为害最严重的病害之一。感染青霉的症状与绿色木霉菌相似,但色泽比绿色木霉稍深,为害程度比绿色木霉轻。

感染绿色木霉

发生原因 培养环境和出菇环境中存在绿霉病原菌,在25～30℃、空气相对湿度95%以上时绿霉易为害,通过原料、空气、土壤、工具、人员等传播扩散。

防治方法 ①清洁环境,原料彻底灭菌,选用无污染菌种,严格无菌接种,改善养菌、出菇条件。②患处局部用石灰水防治。③对发病菌棒作无害化处理。

2. 链孢霉

为害症状 链孢霉菌丝量少,生长期短,感染后1～3天即可出现橘黄色或白色粉末状物质,并在料袋破口处形成橘黄色或白色粉团,易蔓延传播。

感染白色链孢霉

发生原因 培养料废料是主要侵染源,链孢霉通过气流和侵染源传播,在高温、高湿条件下生长极快,6～9月是高发季节。在温度为25～36℃、含水量为50%～70%、培养料的pH为5～7.5时,易出现在料袋破口处和潮湿的棉塞处为害。

防治方法 ① 保持培养环境的干燥,在料袋移入前进行彻底消毒。② 严禁使用棉塞已受潮的栽培种。③ 及时清理废料和破口的料袋。④ 对棉塞或外部形成链孢霉孢子团的污染菌包,用湿布或湿纸包好后拿离现场,对污染料袋进行焚烧、深埋处理。

3. 黄曲霉

为害症状 黄曲霉菌丝成熟期短,感染后1～3天即可出现微黄色或暗黄色霉层,使香菇菌丝停止生长、消失,最后黄色霉层占领整个料袋。

感染黄曲霉

发生原因 黄曲霉在高温、高湿的条件下易发,主要通过空气传播;与培养料和环境等有关,麸皮等原材料受潮是主因;环境不洁净也是诱因之一。

防治方法 ①禁用棉塞已受潮的栽培种和霉变的原材料。②保持生产环境的清洁、干燥,生产场地在料袋移入前彻底消毒。③对污染菌袋进行无害化处理。

4. 螨类

为害症状　螨类在菌棒培养和出菇期间均可发生。害螨咬食菌丝,造成菌棒感染、萎缩,最后烂棒;出菇阶段为害菇体,使成菇死亡。

螨类为害(金群力　供图)

螨类为害菌丝

发生原因　害螨主要为粉螨、腐食酪螨等,以成螨和卵的方式在菇房层架间隙内越冬,一旦暴发易酿成大灾。害螨通过人员、带虫菌种、原料、不洁环境因子(粉尘)等传播。

防治方法　①选用无螨菌种。②必要时在制袋与培养场所、出菇间隙期用4.3%的氯氟·甲维盐乳油喷洒。

5. 真菌瘿蚊

真菌瘿蚊

为害症状 培养期幼虫可通过接种孔或袋壁破孔深入菌棒咬食菌丝,出菇期钻入菇体为害菌盖、菌柄。幼虫多时,可见一层红色粉状物质。

发生原因 真菌瘿蚊幼虫多发生在春、秋、冬季。幼虫通过培养料、菇根和土壤等途径传播。

防治方法 ①选用优质菌种。②清洁养菌和出菇场地。对菇根和已被污染的菌棒作无害化处理,地面撒石灰粉杀虫。栽培场地安装防虫网以减少成虫飞入。③加强菇棚通风,降低湿度。④幼虫用4.3%的氯氟·甲维盐乳油喷雾,成虫用黑光灯诱杀。

6. 烂棒

为害症状 发病后料棒先出现退菌,再感染杂菌,杂菌不断扩展,直至整棒腐烂。

高温烂棒

发生原因 烂棒为综合性病害,常发生在菌棒养菌越夏期间。培养和栽培环境高温、高湿易引起菌丝生理性障碍,继而诱发杂菌和虫害侵入。

防治方法 ①合理配方,避免高温、高湿,培育健壮的菌棒。②做好培养棚、出菇棚的清洁、通风工作,越夏菇棚加厚覆盖物至八分阴或全阴,适时使菌棒转色。③加强栽培管理,高温、高湿时加强通风,控制菇蕾发生量。④提倡菇稻轮作,注意防治病虫害,及时清除烂棒,引入清洁水源。⑤局部发病时用1%的漂白粉溶液连续喷洒消毒。

(四) 农药使用指南

1. 香菇生产中禁止使用的农药

香菇生产中禁止使用的农药有六六六、滴滴涕、毒杀芬、二溴氯丙烷、杀虫脒、二溴乙烷、除草醚、艾氏剂、狄氏剂、汞制剂、砷类、铅类、敌枯双、氟乙酰胺、甘氟、毒鼠强、氟乙酸钠、毒鼠硅、甲胺磷、甲基对硫磷、对硫磷、久效磷、磷胺、甲基异柳磷、特丁硫磷、甲基硫环磷、治螟磷、内吸磷、克百威、涕灭威、灭线磷、硫环磷、蝇毒磷、地虫硫磷、氯唑磷、苯线磷等,以及国家规定禁止使用的其他农药。出口日本、韩国、欧盟的香菇应避免使用的常用农药见下表。

出口日本、韩国、欧盟的香菇应避免使用的农药

出口日本的香菇应回避使用的常用农药	磷化铝、溴甲烷、鱼藤酮、亚砒酸、砷酸钙、抗生素、甲醛、农用蚊香、甲氰菊酯等
出口韩国的香菇应回避使用的常用农药	甲基硫菌灵、磷化铝、甲酚皂溶液、杀螟硫磷、溴氰菊酯、辛硫磷、四聚乙醛、乐果、溴甲烷、鱼藤酮、亚砒酸、砷酸钙、抗生素、甲醛、农用蚊香、敌鼠等
出口欧盟的香菇应回避使用的常用农药	硫酸铜、甲酚皂溶液、磷化铝、克螨特、辛硫磷、四聚乙醛、鱼藤酮、亚砒酸、砷酸钙、抗生素、甲醛、农用蚊香等

2. 香菇生产中低风险农药

化学农药仅适用于菌棒和生产环境,禁止在出菇期间向菇体喷洒任何药剂。

根据《食品安全国家标准 食品中农药最大残留限量》(GB 2763—2014)的要求,低风险农药有噻菌灵、百菌清、腐霉利,鲜香菇残留限量均要求为5毫克/千克;咪鲜胺和咪鲜胺锰盐鲜香菇残留限量要求为2毫克/千克;代森锰锌鲜香菇残留限量要求为1毫克/千克。日本对石灰水、高锰酸钾在香菇中的残留限量无要求。

附 录

(一) 香菇质量安全指标及限量要求

根据《食品安全国家标准 食品中农药最大残留限量》(GB 2763—2014)的要求,涉及食用菌(香菇)最大残留限量的农药有18种,其中杀虫剂10种、杀菌剂6种、杀螨剂和除草剂各1种,见表1。

表1 我国鲜香菇中农药最大残留限量规定

主要用途	残留物	鲜香菇中最大残留限量/(毫克/千克)
杀虫剂	乐果	0.5*
杀虫剂	氯氟氰菊酯和高效氯氟氰菊酯	0.5
杀虫剂	氯氰菊酯和高效氯氰菊酯	0.5
杀虫剂	马拉硫磷	0.5
杀虫剂	甲氨基阿维菌素苯甲酸盐	0.05*
杀虫剂	氰戊菊酯和S-氰戊菊酯	0.2
杀虫剂	溴氰菊酯	0.2
杀虫剂	氟氰戊菊酯	0.2
杀虫剂	氟氯氰菊酯和高效氟氯氰菊酯	0.3
杀虫剂	除虫脲	0.3

续表

主要用途	残留物	鲜香菇中最大残留限量/(毫克/千克)
杀螨剂	双甲脒及 N-(2,4-二甲苯基)-N'-甲基甲脒之和,以双甲脒表示	0.5
杀菌剂	噻菌灵	5
杀菌剂	百菌清	5
杀菌剂	代森锰锌(二硫代氨基甲酸盐或二硫化氨基甲酸酯,以二硫化碳表示)	1
杀菌剂	咪鲜胺和咪鲜胺锰盐	2
杀菌剂	腐霉利	5
杀菌剂	五氯硝基苯	0.1
除草剂	2,4-滴(2,4-D)和2,4-滴钠盐(2,4-D Na)	0.1

注:"*"表示临时限量。

(二) 食用菌登记农药剂量对照表

依据中国农药信息网,目前我国在食用菌上登记的农药有10个,其中杀菌剂8个,杀虫剂、生长调节剂各1个,见表2。农药有效成分有咪鲜胺锰盐、噻菌灵、二氯异氰尿酸钠、氯氟·甲维盐、三十烷醇5种。用药量、施用方法、安全间隔期参见农药使用说明。

表 2　我国在食用菌上登记的农药

登记名称	总含量	剂型	登记证号	登记作物	防治对象或功效	毒性
咪鲜胺锰盐	50%	可湿性粉剂	PD386-2003	蘑菇	褐腐病、白腐病	低毒
咪鲜胺锰盐	50%	可湿性粉剂	PD386-2003F090040	蘑菇	褐腐病、白腐病	低毒
噻菌灵	40%	可湿性粉剂	PD20050096	蘑菇	褐腐病	低毒
噻菌灵	500克/升	悬浮剂	PD20070316	蘑菇	褐腐病	低毒
咪鲜胺锰盐	50%	可湿性粉剂	PD20070614	蘑菇	褐腐病	低毒
咪鲜胺锰盐	50%	可湿性粉剂	PD20070522	蘑菇	湿泡病	低毒
二氯异氰尿酸钠	40%	可溶粉剂	PD20090008	平菇	木霉菌	低毒
二氯异氰尿酸钠	40%	可溶粉剂	PD20130483	平菇	木霉菌	低毒
氯氰·甲维盐	4.3%	乳油	PD20120886	食用菌	菌蛆	低毒
氯氰·甲维盐	4.3%	乳油	PD20120886	食用菌	螨虫	低毒
三十烷醇	0.1%	微乳剂	PD20080872	平菇	调节生长	低毒

主要参考文献

[1] 吴学谦.香菇生产全书[M].北京：中国农业出版社,2005.

[2] 张金霞,黄晨阳,胡小军.中国食用菌品种[M].北京：中国农业出版社,2012.

[3] DB 33/T 676—2008 香菇安全生产技术规范[S].

[4] NY 5095—2006 无公害食品 食用菌[S].

[5] NY/T 2375—2013 食用菌生产技术规范[S].

[6] NY/T 1935—2010 食用菌栽培基质质量安全要求[S].

[7] GB/T 8321(所有部分) 农药合理使用准则[S].

[8] GB 2760—2011 食品安全国家标准 食品添加剂使用标准[S].

[9] GB 2762—2012 食品安全国家标准 食品中污染物限量[S].

[10] GB 2763—2014 食品安全国家标准 食品中农药最大残留限量[S].

[11] NY/T 1061—2006 香菇等级规格[S].